AF590577

EXAMEN
DU SYSTÊME
DE M. DUPONT,

Sur la Culture faite avec des Chevaux, & celle faite avec des Bœufs.

Par le Bureau d'Agriculture de Soissons.

A SOISSONS,

Chez P. COURTOIS, Imprimeur du Roi & de la Société.

Et se trouve A PARIS,

Chez GOGUÉ, Libraire, Quai des Augustins.

M. DCC. LXV.

AVEC APPROBATION ET PRIVILEGE DU ROI.

AVERTISSEMENT.

M. DUPONT a communiqué au Bureau d'Agriculture de Soiſſons, dont il eſt Aſſocié, ſa Lettre du 8 Octobre 1764, inſérée dans la Gazette du Commerce des 20 & 27 dudit mois, N.° 84 & 86.

Le Bureau, n'ayant point adopté les motifs ſur leſquels M. Dupont s'appuie pour donner la préférence à la Culture avec des chevaux, a cru devoir lui propoſer des Obſervations, auſquelles M. Dupont a répondu par ſa Lettre du 29 Janvier 1765, & y a joint les pieces juſtificatives de ſon Syſtême.

Le Bureau informé que M. Dupont avoit néanmoins fait imprimer cet ouvrage, a jugé convenable de rendre auſſi public ſon Opinion tant ſur ces Lettres que ſur ces Pieces juſtificatives.

Nota· *Les pages citées par les renvois, ſont celles de l'Édition que M. Dupont vient de faire faire de ſon ouvrage.*

EXAMEN

Du Syſtême de M. Dupont ſur la Culture faite avec des chevaux, & celle faite avec des bœufs.

POUR comparer la Culture faite avec des chevaux contre celle faite avec des bœufs, il faut prendre deux terreins de qualité pareille, exploités par deux Cultivateurs également actifs, laborieux, intelligens & induſtrieux, &c. que les débouchés des productions, & les conſommations, ſoient auſſi faciles : c'eſt le ſeul & vrai moyen de calculer, & examiner laquelle des deux Cultures eſt plus avantageuſe.

Les deux États, N.° 75 & 103, que M. Dupont a communiqués au Bureau par ſa Lettre du 29 Janvier 1765, comme étant les fondemens ſur leſquels il a établi la Culture avec les chevaux & ſes avantages, ſont de deux corps de Ferme de 120 arpens meſure de Roi, exploités chacun par quatre chevaux, ſitués dans le pays le plus abondant de la France, produiſant le meilleur bled, & à 8 ou 9 lieues de la Capitale, ville où les conſommations ſont les plus conſidérables; l'une eſt la Ferme de la Barre ſous Chevreuſe, l'autre eſt à Saint Mard ſous Dammartin.

Ces deux États comparés l'un avec l'autre, article par article, offrent des différences en valeurs & dépenſes, les unes d'un quart, d'un tiers, de moitié, des trois quarts, & même d'autres du double, notamment les articles de la nourriture des chevaux, & frais de moiſſons. Sept perſonnes ſont employées à chacune de ces deux exploitations. Un Économe & ſa Femme, un Chartier, un Berger, un Garçon de Baſſe-cour, une Maîtreſſe-Servante & une Vachere; elles confomment annuellement 1800 livres & plus, en gages & nourritures.

L'État N.° 207, fur la Culture à bœufs, produit par M. Dupont pour piece de comparaifon, & qui lui a fervi auffi de fondement, eft une Ferme de 200 arpens dans le Limoufin ; terre à feigle, lequel n'eft eftimé que 3 liv. le feptier mefure de Paris, éloignée de 100 lieues de la Capitale, & des Fermes de la Barre & de Saint Mard. N'ayant que très-peu ou point de débouché pour la confommation de fes productions.

Quatorze perfonnes font payées, nourries, vêtues, &c. avec 400 l. par an fur cette exploitation, favoir, un pere & fes fept garçons, la mere & fes trois filles, un valet & un neveu.

Nota. Les garçons & les filles font vraifemblablement dans l'enfance ; car il ne paroît point néceffaire d'avoir tant de perfonnes dans une Ferme où il n'y a que quatre bœufs, deux bouvards, huit vaches, 120 moutons & 20 cochons.

La fouche des beftiaux portée à 2400

liv. d'achat, donne un profit annuel de 400 liv.

Cet état annonce que cette Ferme paye 201 liv. 15 sols de Taille, &c. 103 liv. de Vingtiemes, & que le Propriétaire n'a de net que 144 liv. 5 sols.

Nota. Ce fait est difficile à croire.

On voit qu'elle est la différence entre la qualité des terres de la Ferme de 200 arpens, labourée par 4 bœufs & 2 bouvards, produisant 200 septiers de seigle mesure de Paris par an, à 3 livres le septier, ce qui donne un produit de 600 livres.

Et celle d'une Ferme de 120 arpens seulement, exploitée par 4 chevaux, produisant au moins 200 septiers de froment, qui en ne les portant qu'à 14 liv. le septier, font un produit de 2800 liv.

Vraisemblablement les occupations multipliées de M. Depont ne lui ont point permis de lire en entier, & de comparer ces différentes pieces.

M. Dupont cite la Culture avec des chevaux qui se fait dans le Soissonnois, comme en connoiſſant parfaitement le local & la pratique * ; & il n'y a pas pris, ou plutôt voulu chercher la Culture avec des bœufs ; il l'y auroit trouvé facilement, & en pluſieurs endroits. Les environs de Soiſſons lui en auroient fourni des exemples de comparaiſon moins éloignés. Il y auroit trouvé des corps de Ferme, cultivés par des bœufs ſeulement, dont les terres ſont aſſolées par tiers ; une ſole en froment, une en mars, & la troiſieme en jachéres § ; produiſant une forte quantité de fourages provenant des mars, des troupeaux † auſſi conſidérables que dans la Culture avec des chevaux.

M. Dupont y auroit auſſi vu un même champ labouré par le même Cultivateur, partie avec des bœufs, partie avec des chevaux, & aſſolé également par tiers ¶. Chaque partie de ce champ produire d'auſſi beau & bon froment, & même peut-être plus abondamment dans la portion cultivée par les bœufs **, dont le labour eſt

* Pag. 8. § pag. 6, 14, 22, 26. † pag. 5. 27. ¶ pag. 6. ** pag. 3, 5, 6, 22.

plus eſtimé des Cultivateurs ; parce que les bœufs marchant toujours d'un pas égal, ils ſont plus les maîtres de piquer le champ plus ou moins profondément pour amener de bonne terre, ſuivant que les différens endroits de ce champ l'exigent, & de manier la charrue ſelon leurs deſirs ; au lieu que les chevaux ſentant une plus grande réſiſtance dans le moment où les Cultivateurs piquent la terre plus profondément, ils s'arrêtent volontiers, & étant excités de la voix ou du fouet, ils s'emportent ; pour lors les Cultivateurs ne pouvant péſer ſuffiſamment ſur la charrue, elle paſſe légérement & ne fait que peler, où elle devroit fouiller.

Si l'on dit que les Cultivateurs peuvent faire repaſſer la charrue dans le même ſillon, on leur obſervera la perte du temps de cette opération, & même l'impoſſibilité.

On eſtime dans le Soiſſonnois qu'en général quatre chevaux labourent par jour un cinquieme * plus de terrein que

* Pag. 4.

quatre bœufs ; mais en mettant un quart, on donnera plus d'avantage aux chevaux.

Quatre chevaux sont plus que remplacés par six bœufs, qui font autant de travail * ; puisque six chevaux le sont par huit bœufs, &c.

AVANCES PRIMITIVES.

Chevaux.		*Bœufs.*	
Quatre chevaux du prix de 300 l. l'un	1200.	Six bœufs du prix de 90 liv. l'un..	540.
Sellette du Limonnier, dossiere, &c...	36.	Courroyes pour les jougs....	12.
Quatre colliers.	36.		
TOTAL...	1272.	*TOTAL.*	552.

CHEVAUX....	1272.
BŒUFS......	552.
Différence....	720.

* Pag. 9, 10, 20.

AVANCES ANNUELLES.

Chevaux.

La nourriture d'un cheval eſt au moins par an de 200 l. pour quatre chevaux. . . 800.

Bourlier & Maréchal. . . . 40.

Les gages d'un Chartier ſont ordinairement de 120 à 150 liv. portés ici ſeulement à . . . . . 120.

TOTAL. . . 960.

Bœufs.

Six bœufs conſomment par jour pendant ſept mois, du 15 Octobre au 15 Mai, cinq bottes de paille d'avoine (1) de 25 à 30 l. à 15 francs le cent, & pour 4 ſols 6 den. de menues pailles *, c'eſt 29 l. 5 ſ. par mois ; & pour les ſept mois. . . 204 15.

Pendant les ſemailles de mars, il leur faut de l'avoine pour deux mois, ci.... 36.

Et des menues pailles pour. . . 18.

Si on les nourrit pendant les cinq autres mois de prairies artificielles fauchées en verd ¶, ils ne couteront point 18 l. par mois les ſix ; mais en mettant qu'ils coutent comme deſſus 29 liv. 5 ſols, ce ſeroit. . . . . 146. 5.

405.

(1) L'on ne veut point dire que l'on ne donne point dans pluſieurs Provinces, & que l'on ne puiſſe ou ne doive donner aux bœufs du foin mêlangé avec de la paille, ce que l'on appelle communément fourage ; mais jamais ſix bœufs ne conſommeront autant de foin que quatre chevaux : ainſi la différence de cette dépenſe ne ſera pas conſidérable.

* Pag. 13. ¶ pag. 14, 22.

Bœufs.		*Chevaux.*
De l'autre part. .	405.	
Les gages d'un Bouvier, au plus cher, à.	100.	
Les gages d'un Chasse-avant, qui est un enfant depuis douze jusqu'à quinze ans. . . .	36.	
Pour sa nourriture.	100.	
TOTAL. . .	641.	

Les Chevaux. . . .	960.
Les Bœufs.	641.
Différence.	319.

	Chevaux.	*Bœufs.*
Achat, &c. . . .	1272. . .	552.
Nourriture, &c.	960. . .	641.
	2232. . .	1193.
	1193.	
Différence. . .	1039.	

Il y a donc une économie de mille trente-neuf livres ſur une dépenſe de deux mille deux cent trente livres, ce qui fait près de moitié, en cultivant avec des bœufs,* ſans compter le profit qui réſulte de l'augmentation de leur valeur ; § au lieu que les chevaux dépériſſent annuellement.

Si après la fauche des prés on y conduit les bœufs, ¶ ils y vivront juſqu'à l'hyver, & ne couteront rien pendant ce temps. Leur fumier ne ſera point perdu, il engraiſſera le pré qui les nourrira.

Il eſt ſurprenant que M. Dupont prétende que l'engrais des bœufs, lorſqu'ils deviennent trop péſans pour la culture, ne doit pas ſe faire par le Cultivateur †. M. Dupont n'ignore cependant point comment ſe fait cet engrais, ce qu'il en coute pour le faire, le temps qu'il faut à un bœuf retiré du travail pour engraiſſer.

La différence de valeur qu'il y a entre un bœuf maigre, & un autre engraiſſé pour la boucherie, eſt trop conſidérable, & l'attrait en eſt trop grand, pour que

* Pag. 21, 23. § pag. 15. ¶ pag. 14, 22. † pag. 15.

les Cultivateurs avec des bœufs abandonnent ce profit.

Suivant ce ſyſtême de M. Dupont, celui qui cultive le mûrier doit ſeulement en vendre la feuille, & ne point faire de vers à ſoie.

Celui qui cultive des pommes de terre, &c. propres pour l'engrais des beſtiaux, devroit les vendre, & n'en point faire uſage chez lui. L'engrais des cochons, des veaux, des volailles, &c. eſt donc étranger à l'agriculture.

Eſt-il de l'eſſence du Cultivateur de faire venir ſeulement du grain, & doit-il négliger les autres objets lucratifs ?

Les talens du Cultivateur ne ſont-ils point de tirer de ſa terre le produit le plus avantageux, ſoit en vendant ſes productions en nature, ſoit en faiſant des éleves & des engrais ?

M. Dupont ſeroit ſans doute étonné de trouver dans le Soiſſonnois * des Cultivateurs qui penſent qu'il ſeroit plus avantageux de ne conſerver des chevaux dans

* Pag. 8.

un corps de ferme, que proportionnément aux charrois néceſſaires ; ayant reconnu que les chevaux y ſont plus propres, étant plus alertes ; & de faire les labours avec les bœufs.

On ne peut comprendre comment il a pu venir dans l'idée de M. Dupont, qu'une Ferme telle que celle du Limouſin, dont il fournit l'état, N.° 207, terre à ſeigle, cultivée avec des bœufs, miſe en * culture avec des chevaux, comme les Fermes de la Barre & de Saint Mard, produira d'auſſi beau froment ; parce que des chevaux de 300 liv. donneront de meilleur fumier, & en plus grande abondance, qu'ils laboureront mieux, & une plus grande quantité de terre ; & que les grandes dépenſes que l'on y fera, donneront un grand produit §.

L'on eſtime au contraire, que quelque dépenſe que l'on y faſſe ; elle ne produira jamais du froment qui puiſſe donner au Propriétaire un loyer de 6, 8, 10 & 12 liv.

* Pag. 16, 21, 22, 26. § pag. 3.

liv. l'arpent. Que bien loin que de pareilles avances primitives & annuelles prélevées, ſi elles peuvent l'être, il reſte de quoi faire ſubſiſter quatorze perſonnes, & donner au Propriétaire 144 l. 5 ſols net. Le Fermier, ſa famille, & le Propriétaire ſe ruineroient, & y mourroient de faim.

Si les Cultivateurs avec des chevaux de l'Iſle de France, de la Beauce, de la Brie, &c. apportent ſur les fermes qu'ils tiennent des richeſſes d'exploitation ſouvent égal au tiers de la valeur des terres, ainſi que l'avance M. Dupont, * & dont ils rendent effectivement aux propriétaires 6, 8, 10 & 12 de loyer par arpent annuellement. Ce n'eſt point à la Culture avec des chevaux qu'il faut attribuer ce loyer important, mais à la qualité des terres, à la valeur de leurs productions, occaſionnée par l'immenſe conſommation de la Capitale ; & en général à la facilité des débouchés §.

Plus on s'éloigne des lieux de conſommation, moins les denrées ont de valeur, &

* Pag. 16, 17. § pag. 23, 28.

moins l'arpent de terre vaut en principal & revenu *. Ce n'eſt point le labour des bœufs qui occaſionnē cette différence ; c'eſt la denrée invendue, ou vendue à vil prix §.

Il eſt plus vraiſemblable d'attribuer ce dépériſſement de l'Agriculture à la longue prohibition de l'inportation & l'exportation des productions. Et on peut la comparer à un corps, dont les parties ſe ſont ſucceſſivement affaiſſées & exténuées proportionnément à leur éloignement des principes de la vie ; il étoit réduit au point de n'être qu'un ſquelette. La liberté du commerce rétablie par les Déclarations & Édits des 25 Mai 1763 & Juillet 1764, lui rendra par dégré & avec le temps, cette vigueur & cet embonpoint qui annoncent la ſanté.

On ne prétend point dire qu'il n'y a pas d'abus dans la Culture avec des bœufs ; mais parce que ce corps eſt malade faut-il le détruire ? Il eſt plus convenable de lui faire connoître ſon mal, & de lui montrer les remedes qui lui ſont

* Pag. 22, 23, 28. § pag. 24.

propres, avec la façon de les administrer.

M. Dupont cherche, dit-il, par la Culture avec les chevaux, à multiplier ces animaux si nécessaires à l'État, * & empêcher qu'il ne sorte tous les ans de la France cette somme d'argent que l'on employe à leur achat. Ses vues sont très-louables ; mais a-t'il calculé la masse d'argent qui passe aussi annuellement en Flandre, en Hollande, en Allemagne, en Suisse, &c. pour l'achat des bœufs ? A-t'il comparé ces deux objets d'exportation de notre monnoie à l'étranger ? A-t'il examiné, si en supprimant la Culture à bœufs, cette exportation n'augmenteroit pas, & jusqu'à quel point ? A-t'il pesé exactement les désavantages de l'un & de l'autre?

Par la Culture avec des bœufs §, les Cultivateurs n'ont point besoin d'une si grande quantité de chevaux ; la Cavalerie peut plus aisément s'en procurer, ainsi que les autres objets où ils sont indispensables.

Les bœufs ne consommant que peu, ou

* Pag. 27. § pag. 27.

point de foin, cette denrée ſera à un prix moins conſidérable ; les prairies pourront être employées à élever des chevaux, dont les travaux n'étant point ſi néceſſaires aux Cultivateurs, ils * ne les feront pas travailler ſi jeunes ; ils ne ſeront point énervés & ruinés à l'âge où ils doivent être dans leur plus grande force, comme il arrive trop ſouvent. Le prix de nos chevaux & la bonté de leur eſpece pourront aller de pair avec ceux § des étrangers.

L'Allemagne qui nous fournit de beaux, de bons & forts chevaux, cultive en partie avec des bœufs.

On ne conçoit point comment la Culture avec des bœufs ¶ peut ôter la connoiſſance certaine de la valeur & du produit des terres ; & quel avantage la Culture avec les chevaux peut avoir pour établir l'impôt. Lorſque le Gouvernement voudra décidément anéantir l'impôt arbitraire, & fléau deſtructeur de l'induſtrie, il eſt des moyens ſûrs pour y parvenir.

Si la beauté des Laines dépendoit du

* Pag. 21. § pag. 27. ¶ pag. 19, 27.

labour avec des chevaux ; le Berry, dont M. Dupont décrie la Culture avec des bœufs, * n'en produiroit pas de ſi belles, & de ſi eſtimées.

Le zele de M. Dupont mérite des éloges proportionnés au bien qu'il a voulu faire ; il en auroit fait un plus réel en approfondiſſant, & en démontrant les abus de la Culture avec des bœufs & celle avec des chevaux, car cette derniere n'en eſt point auſſi exempte, & en indiquant de ſûrs remedes pour les détruire dans l'une & dans l'autre. Au lieu d'armer un des deux bras de l'Agriculture pour attaquer l'autre, & vouloir l'anéantir ; il l'auroit mieux ſervie, s'il eût cherché à unir plus étroitement ces deux Cultures, en tachant de leur procurer réciproquement de nouvelles forces.

Les deſirs de M. Dupont, ſuivant ſa Lettre particuliere du 29 Janvier 1765, ſont, (pour ſe ſervir de ſes mêmes termes,) de déchirer d'une main le bandeau de l'erreur & du préjugé, & de préſenter

* Pag. 27.

de l'autre le flambeau de la raiſon & de l'expérience. Ce projet eſt beau & digne d'une ame auſſi élevée que la ſienne ; il devoit avant de faire paroître ce flambeau, s'aſſurer que ſa lumiere étoit vraie, ſûre, & que l'on pouvoit s'y laiſſer conduire, non ſeulement ſans danger, mais même avec l'aſſurance que l'on en retireroit tout l'avantage que l'on pourroit s'en promettre.

Si M. Dupont avoit eu moins de confiance dans ſes connoiſſances parfaites du local & pratique du Soiſſonnois, il auroit demandé au Bureau de cette Province les matériaux néceſſaires à ſon travail ; & certainement, ce Bureau lui en auroit procuré des meilleurs Cultivateurs dans l'un & l'autre genre ; il auroit peut-être même eu ſoin de les lire dans ſes aſſemblées avant de les lui envoyer. M. Dupont auroit donc eu des mémoires ſur leſquels il auroit pu compter, & non des pieces ramaſſées au hazard telles que celles qu'il a produites.

FIN.

RED. :

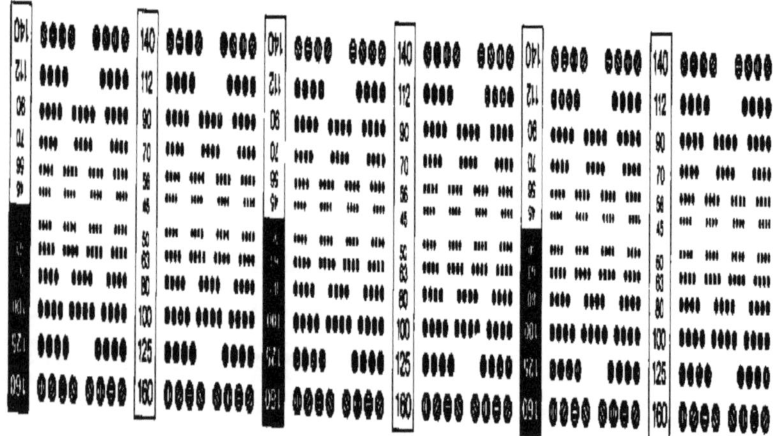

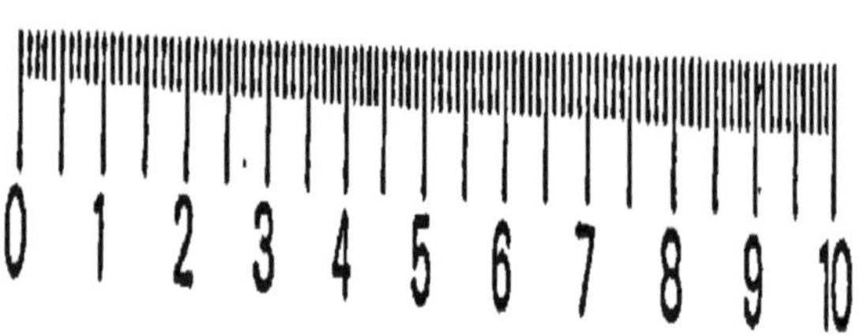

www.ingramcontent.com/pod-product-compliance
Ingram Content Group UK Ltd.
Pitfield, Milton Keynes, MK11 3LW, UK
UKHW022154260726
13993UKWH00005B/2365